FATCHI ENCYCLOPEDIA

肥志百科6

原來你是這樣的植物 D篇

肥志 編繪

時報出版

肥志百科 6
原來你是這樣的植物
D篇

編　　　　繪　肥　志
主　　　　編　王衣卉
企 劃 主 任　王綾翊
校　　　　對　謝馨慧
全 書 排 版　evian

總　編　輯　梁芳春
董　事　長　趙政岷
出　版　者　時報文化出版企業股份有限公司
一〇八〇一九臺北市和平西路三段二四〇號
發 行 專 線　（〇二）二三〇六六八四二
讀者服務專線　（〇二）二三〇四六八五八
郵　　　　撥　一九三四四七二四 時報文化出版公司
信　　　　箱　一〇八九九臺北華江橋郵局第九九信箱
時 報 悅 讀 網　www.readingtimes.com.tw
電子郵件信箱　yoho@readingtimes.com.tw
法 律 顧 問　理律法律事務所　陳長文律師、李念祖律師
印　　　　刷　和楹印刷有限公司
初 版 一 刷　2024 年 2 月 23 日
初 版 二 刷　2024 年 7 月 1 日
定　　　　價　新臺幣 480 元

時報文化出版公司成立於一九七五年，並於一九九九年股票上櫃公開發行，於二〇〇八年脫離中時集團非屬旺中，以「尊重智慧與創意的文化事業」為信念。

肥志百科 . 6, 原來你是這樣的植物 . D/ 肥志編 . 繪 . -- 初版 . -- 臺北市：時報文化出版企業股份有限公司, 2024.02
204 面；17×23 公分
ISBN 978-626-374-876-7(平裝)

1.CST: 科學 2.CST: 植物 3.CST: 通俗作品

307.9　113000391

目錄

向日葵
的原來如此

太陽

是宇宙中**地球**運行的**主宰**，

地球上**萬物**的生長都**離不開**它。

而在**眾多生物**中，

有一種**植物**因為**「向陽」**而格外出名，

它，就是**向日葵**！

向日葵又名**朝陽花**，

是一種常見的**向光性**植物。

雖然如今**人見人愛**，

但在最初，它只是北美洲
一種**不起眼**的……**野草**……

至少 **5000 年前**，
印地安人就發現，
向日葵的花不但能**結籽**，

籽還**可以吃**！

於是他們開始**到處種植**它，

日復一日，
向日葵就成了全美洲**流行**的作物。

爱花的**阿茲特克人**

可能是**最先成為**向日葵**粉絲**的族群。

他們用向日葵來**象徵**高貴的**戰神**，

在**宴席**上只有**高級的客人**才配擁有。

那麼，這種**來自美洲**的花花
又是怎麼**開遍世界**的呢？

最先帶著向日葵
「私奔」的是**西班牙人**。

15 世紀末，

西班牙人**率先**開始**探索美洲**大陸，

大量的**新物種**被他們帶回了**歐洲**，

這**其中**，就包括**向日葵**！

由於**顏值高**，

小臉還能**隨著太陽**擺動，

歐洲人徹底**迷上**了向日葵。

人們不僅把它種在**花園**裡，

記在**書**裡，

還開始打造**「向日葵文化」**！

古希臘曾經有過這麼一個**神話**——

水中仙女**克萊緹被**太陽神**劈腿**，

怎麼也**挽不回**愛人的心。

癡情的她連續九天**不吃不喝**，

每天只是**注視著太陽**，

最終，她**化身**成了一株向陽的**天芥菜**。

這本來是個淒美的故事，

但等到向日葵**越來越紅**，

故事中的**天芥菜**就**被**向日葵**取代**了……

文學家和**藝術家**們
也大力**渲染**向日葵對太陽的**專一**，

最終，向日葵
就跟**「忠貞不渝的愛情」**畫上了等號……

順帶一提，

這個時期向日葵已經**傳入中國**。

明朝書籍**《露書》**中就記載：

「其大如盤，朝暮向日，

結子在花面，一如蜂窩。」

只不過我們國家實在太……**地大物博**，

向日葵到了這裡
並沒有**刷出**什麼**存在感**……

但是無論是在**東方**還是在**西方**，

向日葵一開始主要都是用來**觀賞**的，

但真正能**大面積推廣**，

還是因為……它的籽**能吃**。

由於**葵花籽**富含**油分**，

歐洲人在 18 世紀

就解鎖了用**葵花籽榨油**的技術，

遠在東歐的**俄國人**
很快成了這項技術的**頭號粉絲**！

當時俄國**東正教**教會
對**大齋節禁食**非常嚴格，
（大齋節：基督教徒守齋的節日，為期 40 天。）

油葷食品一律**禁止食用**。

但**葵花籽油**

卻因為引入較晚……**倖免於難**。

饞瘋了的俄國人**發現**這個**祕密**後，

開始**狂種**向日葵，

結果，**不到半個世紀**……

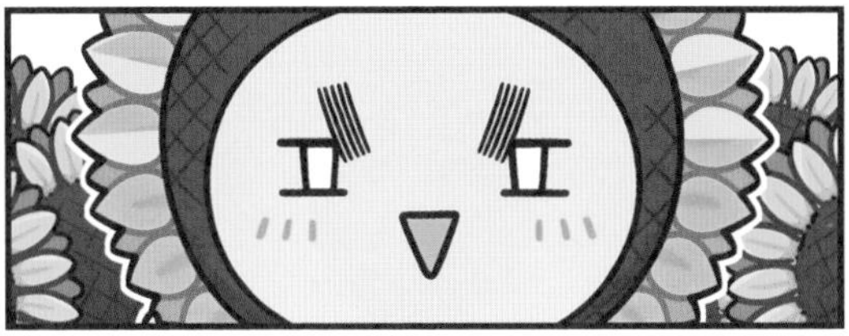

就把**俄國**變成了

當時最大、最好的**向日葵生產國**！

有了**榜樣**的力量，

其他國家自然**紛紛仿效**，

向日葵於是開遍了**全世界**。

如今，向日葵
已經是世界**四大食用油**作物之一，

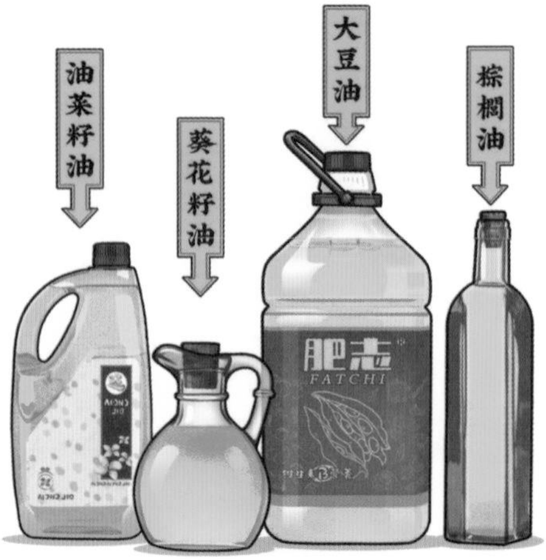

北到**西伯利亞**、南至**澳大利亞**，
到處都有它。

而人們對向日葵的**偏愛**
也從來**沒有停止**過，

除了**梵谷**的**《向日葵》**舉世聞名外，

後來人們還不斷把它**搬上螢幕**。

作為這麼**神奇**，

有顏值又**實用**的植物，

向日葵簡直是大自然的**瑰寶**！

想想……如果自己可以

擁有一片**向日葵花園**，

嗯……那麼，

是不是可以……免費**嗑瓜子**了呢？

【完】

附錄

【瓜子之王】

在明清以前，我們吃的大多是西瓜子。隨著晚清時期向日葵的傳播和普及，葵花子出現在了市場上，並憑藉好吃、好種、產量大的優點迅速「反客為主」，成為瓜子界的老大。

【沒那麼「癡情」】

向日葵雖然名為「向日」，但並非一生都跟隨太陽轉動。事實上，它只有在尚未開花或還是剛開花的花苞時，才會跟著太陽轉。當花完全盛開，向日葵的花冠就固定朝向東方或東南方不動了。

附錄

【「向日菊」】

向日葵屬於菊科，按植物分類規律本該叫「向日菊」。之所以叫「向日葵」，是因為剛傳進中國時，古人覺得它與一種叫冬葵的本土植物一樣喜歡「追日」，這才以「葵」命名，並沿用至今。

【渾身是寶】

在中醫學中，向日葵非常全能，全身都可以入藥：據說它的葉子可以治高血壓，花冠能明目、治頭暈，根部搗碎外敷則治跌打損傷，花托能止牙痛、痛經，花莖還能治療小便不利。

附錄

【一花多吃】

吃向日葵的方式有很多。美洲人把葵花籽烤熟磨成粉，用來做餅或粥；歐洲人喜歡「涼拌」葵花花瓣；中國人則炒熟葵花籽做成瓜子來嗑，而且還做出五香、焦糖、奶油等各種口味。

【堅強的花】

向日葵是一種很強悍的植物。它耐旱，一般在生長過程中都不需要灌溉；耐凍，冬天既抗霜又耐寒。更厲害的是，即使在貧脊的鹽鹼地上，它也能成長，真的是省水、省肥還省心。

另外就是

關於向日葵為什麼會「向日」，科學家還沒有完全搞清楚。不過可以肯定的是，一種叫作生長素的激素在其中發揮了很大的作用。生長素是刺激植物生長的一種植物激素，它有一個毛病——怕光。就向日葵而言，它的生長素主要分布在它的花莖，當花莖受到陽光照射時，迎光面的生長素會變少，背光面的會增加。最終，導致花莖的背光面長得快，向陽面長得慢，整個向日葵就「歪」向了有太陽的一邊。如果仔細觀察豌豆等爬藤植物，你會發現它們的頂端也有隨著太陽轉動的趨勢，原理跟向日葵是一樣的。

那麼向日葵第二天又是怎麼把臉轉向東方的呢？其實是在晚上偷偷把頭轉回去的。對於這個現象，科學家們懷疑可能是生長素和向日葵的生物時鐘共同調節的結果。此外，在陰雨天氣裡，只要不被風吹偏，向日葵一般是向著東方或東南方「低頭」。而在成熟以後，它就不會再受生長素的影響。

肥志与小黄

四格小剧场

【第31話 誤會了】

自從上次小黃
展示上古祕術
被科技文明
打擊之後……
便再也沒有
施展過法術……
一直在角落裡
背對著我……
一定在悄悄落淚吧……
身為朋友，
我一定要幫助她
重新找回自信！
重燃對法術的熱愛！
¥@~@ $…@ %…#/ *!
自剛剛展示法術之後，
他已經自言自語
十幾分鐘了。
他沒發現
我偷偷把他的那份
甜甜圈也吃掉了吧。

菊花的原來如此

鮮花

是人們**生活**中一種很有**象徵性**的**禮物**。

玫瑰送情人，

康乃馨送母親，

不同的**花代表**了人們不同的**心意**。

但是有一種**美麗的花**

拿去**送人**可能會**被嫌棄**，

它**就是**——

總的來說，

常見的**白色和黃色**菊花**在哪兒**看到的**最多**？

葬禮……

所以拿著它去**送人**……總是**怪怪的**……

搞不好還會**被誤會**……

而且經過**網路**的「薰陶」後，

它還顯得有點……**那種味**……

反正，這麼一朵可愛的**小花花**，

形象變得有點**尷尬**……

那麼**菊花**

究竟是怎麼跟**死亡**聯想上的呢？

我們來好好**聊聊**——

菊花是**菊科菊屬**的草本植物，

不但**好看**，還非常**有個性**。

很多植物**入秋就凋零**，

而它卻可以到**秋天才盛開**。

早在**先秦**時期，
人們就有了關於菊花的**記載**，

古人把它稱作
「鞠」或者**「蘜」**，

註：鞠蘜的漢語拼音為 jū 和 jú，注音符號為ㄐㄩ和ㄐㄩˊ。

還把它當作種**冬小麥的「鬧鐘」**。

秋天**菊花一開**，

就等於到**播種**的季節了。

而菊花**耐寒**的特點

也給了人們菊花**「長壽」**的錯覺，

以至於到了**漢朝**，
吃菊花成了一種**潮流**。

有人**生吃**它的**花瓣**，

有人拿它來**釀酒**，

還有人用它煉**「長生不老」**藥……

總之，怎麼**「養生」**怎麼來！

中國田園詩的**開創者**——

陶淵明

就是菊花的**超級粉絲**！

他**那時候**恰逢

東晉末年政局**混亂**，

看不慣**官場作風**的他

決定**辭職**回去當**「宅男」**，

喝喝**酒**，

看看書，

哈哈哈哈哈哈哈哈！

當然也**少不了**他最愛的菊花！

在他的**作品**裡

就經常有**菊花的存在**，

秋菊盈園
而持醪靡由
空服九華
寄懷於言
芳菊開林耀
青松冠岩列
採菊東籬下
悠然見南山
酒能祛百慮
菊解制頹齡

這種**淡泊名利**的生活態度
讓他在後世收穫**一堆粉絲**。

例如：著名詩人**杜甫**、**元稹**，

文學大家**蘇東坡、曹雪芹**。

註：love you，愛你。

大家甚至稱陶淵明為**「隱逸詩人之宗」**，

而菊花也因此被稱為

「花之隱逸者」！

如此之多的**榮譽**加身，

菊花自然也成了

中國**「花卉圈」的「明星」**！

一直到**清代**，

菊花都被認為是**花中君子**的代表。

而**日本**的菊花是在**唐代**時期傳過去的。

當時的日本**以中國為師**，

對於菊花，自然也**跟著喜歡**。

日本皇室就是菊花的**「頭號粉絲」**，

不但經常**召集群臣**一起賞菊，

還帶頭**寫詩**進行**歌頌**。

岸頭洗菊早花低
蕊耐朝風今日笑
延祥盈把菊

甚至到了**今天**，菊花依然是日本**皇室的象徵**。

那麼**問題來了**……

高貴的菊花是怎麼變成**「墳花」**的呢？

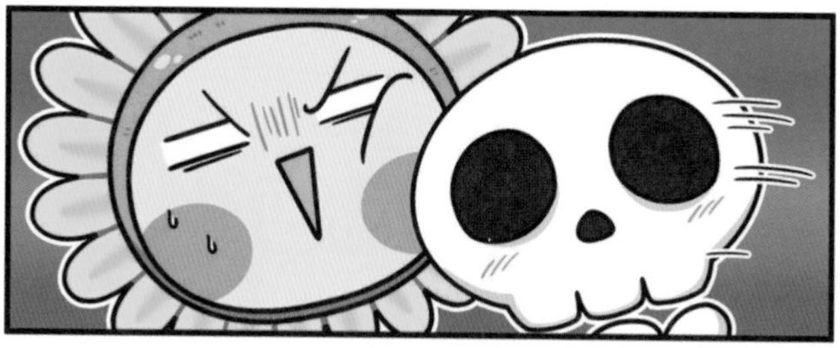

這**「鍋」**落到了**法國**頭上……

1918 年 11 月 11 日，第一次世界大戰結束。

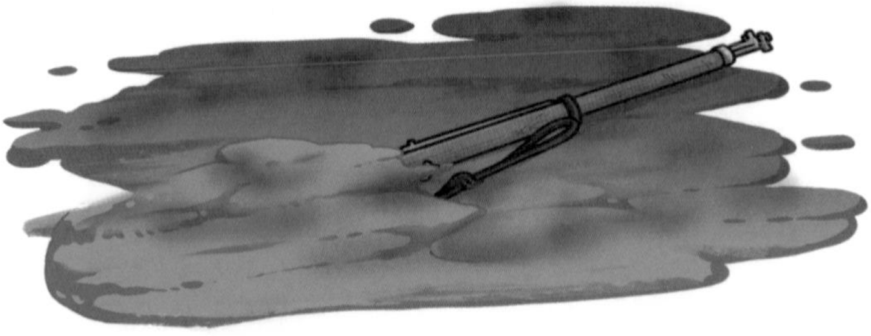

很多法國人因戰爭**失去了親人**，

需要**鮮花**來悼念。

但當時是**秋天**……

什麼花都**凋謝**了……

怎麼辦呢？

法國人民一看，
菊花竟然**堅挺**著，

於是乎，人們便把它獻給**逝去的親人**。

從那時起，

菊花就和**「死亡」**扯上了關係。

此後，很多人在歐洲**傳統悼亡節日**

「萬靈節」時也**開始使用**菊花，

慢慢地，這個習慣就被**固定**了下來，

甚至還從**歐洲**傳向了**全世界**。

我們**中國**的菊花
也不幸**「躺槍」**了……

然而說實話，
菊花的意義遠遠**不只「悼念」**，

誠實、忠貞、樂觀……

都是它的花語。

在**花卉產業**最為**發達的歐洲**，

菊花是市場規模**第二大**的**花卉品種**，

2014 年在歐洲的**貿易額**超過 **20 億歐元**。

人們**裝飾屋子**、**點綴心情**……

到處有它的身影。

甚至在**澳大利亞**，

菊花還是**母親節**象徵母愛的**「專利」**。

我們生活中其實有很多**「既定印象」**，

就如**「女人就是感性的」**，

而**「男性則不應該軟弱」**等等。

這些**「約定俗成」**的既定印象都只是**「人為的」**。

就**如同菊花**一樣，

它可以**「高潔」**，也可以**「晦氣」**，

但**別忘了**，
它其實**只是**一種**花卉**。

就像**男人**、**女人**也只是**人**而已，

任何人都**不需要**既定印象。

【完】

附錄

【母親花】

註：thank you，謝謝你。

澳大利亞人喜歡在母親節送菊花，主要是因為澳大利亞地處南半球。20 世紀初，現代流行的母親節被定在了每年的 5 月，這時南半球剛好處於秋天，除了菊花以外，可選擇的實在不多。

【菊花「粉頭」】

據清朝的女官德齡介紹，清朝末年的慈禧太后特別喜歡菊花。她曾經在頤和園裡養了數千盆菊花，還喜歡用菊花下火鍋，而且沒事還經常摘一朵菊花搓來搓去，讓手沾上花香。

附錄

【鬥菊大會】

鬥菊是我國傳統習俗。據明代《增補致富奇書》記載，每到重陽節，臨安城的菊花愛好者們就會拿出自己的菊花，比拼誰家的品種更珍貴。直到現在，北京、開封等地還有類似的活動。

【深宮銀菊】

宋徽宗曾經栽培出一種叫「御愛菊」的銀白色小菊花。為了獨占這種菊花，他下令禁止將這種花帶出宮外。可惜宋朝後來滅亡，這種誕生在皇宮的品種也隨之失傳了。

附錄

【肥力指示器】

根據古籍《逸周書》記載，先秦時代古人會透過菊花來判斷土壤的肥沃。人們認為：秋天菊花盛開的土壤肥沃，種作物才容易豐收；而菊花不開的地方則不適合種作物。

【菊花酒】

每年的農曆九月初九是中國傳統的重陽節。這一天古人除了配戴茱萸、登高祭祖外，還會喝菊花酒。這種酒是用菊花、糯米等釀製而成，味道清甜，在古代被認為有避災的功效。

另外就是

從古到今，菊花在中國人心中不僅可供觀賞，更是一種重要的保健品。從漢代的《神農本草經》開始，菊花就以一種能延年益壽的神藥被記載於各種典籍裡。甚至還有傳說認為，服用菊花是一條成仙的捷徑。即便是在現代，喝菊花茶仍然是中國人一種十分常見的養生手段。

而現代科學對菊花成分的研究也顯示，菊花的確有藥用的功效。例如，韓國的一項研究發現，菊花內含有的樟腦成分能有效抑制細菌的繁殖，從而達到抗炎的效果。除此之外，菊花還富含保護心血管的黃酮類物質和調節免疫系統的植物多醣，在動物實驗中，這些物質有的可以緩解心律失常和保護心臟，有的還有抑制腫瘤的效果。不過，雖然菊花擁有不俗的藥用功效，但充其量只是一種輔助，不可能完全依靠它來維持健康，更不能過量食用。保持良好的生活作息規律和適量的運動才是保持健康的最佳方式。

肥志与小黄

四格小剧场

【第32話 搞錯了】

小黃肯定在悄悄練習法術……
到了我出手相助的時候了！
希望你能快快長大成熟。
你的法術生效了！長出了一棵好大的番薯！
而且這個番薯還是熟的?!
真奇怪，我種的明明是草莓呀。
?!

櫻花的原來如此

2008 年的北京奧運火炬名為**「祥雲」**，

這個極具**中國特色**的符號
使它成為**特色鮮明**的火炬之一。

而第 32 屆日本**東京奧運會**呢？

同樣出現了**大和民族的「符號」**，

就是**櫻花**！

櫻花的原來如此

在印象中似乎**只要**提起日本，
人們就會聯想到**櫻花**，

這是**為什麼**呢？

說起來，櫻花是個**十分複雜**的傢伙。

簡單來說，

櫻花是薔薇科**櫻屬植物的統稱**。

註：根據王賢榮教授《中國櫻花品種圖志》，1753 年林奈建立了廣義的李屬，範圍包括櫻、李、桃等；菲力浦．米勒於次年從中獨立出櫻屬，確立了櫻屬的基本概念。國內的分類研究始於 1930 年代，本文依據《中國植物志》及其英文修訂版《Flora of China》中「櫻屬」的觀點。

按《Flora of China》的記載，

目前全世界**櫻屬植物**大概有 **150 種**，

大家開的花……**都可以**叫櫻花。

早在**百萬年前**，

櫻花大約起源於**喜馬拉雅山**地區。

在**擴散**的過程中，

一支來到了**日本列島**紮根**繁衍**。

在**日本**，櫻花被賦予了很多**神話色彩**，

比較**有名**的是**「櫻花女神」**的傳說。

櫻花女神是**山神的女兒**，

因為長得**非常美麗**，

被**天照大神的孫子**看上了，

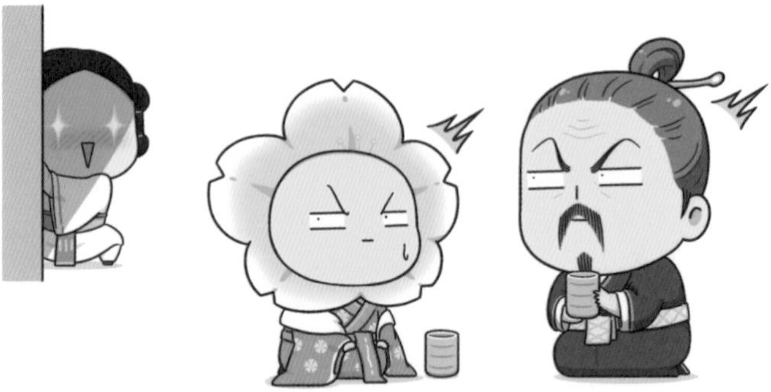

並且他**迅速求婚**……

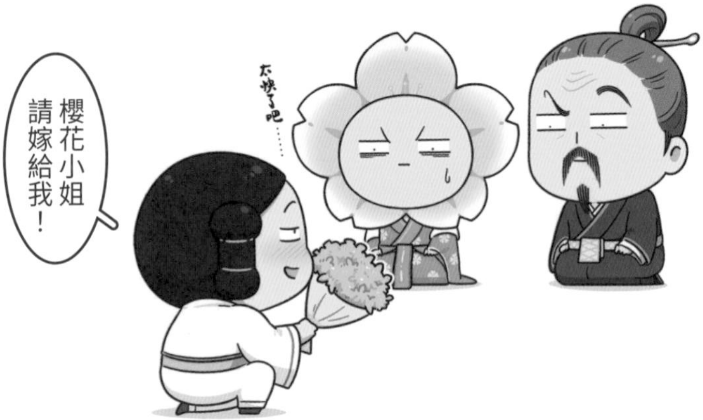
櫻花小姐請嫁給我！
太快了吧……

而山神不僅**爽快同意**，

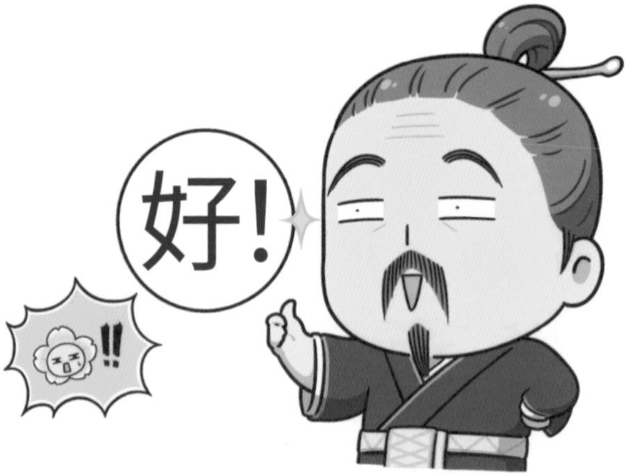
好！
!!

甚至想把她**姊姊**也嫁過去，

不過據說因為**不夠漂亮**，
被拒絕了……

反正天照大神的孫子
和櫻花女神**結婚了**，

後來生下一個**男孩**，

這就是**日本第一代天皇的祖父**。

乍聽之下是不是感覺**很厲害**？

可惜的是，

櫻花在**早期**並**沒有太多版面**。

以日本詩歌集**《萬葉集》**為例，

裡面**歌頌梅花**的詩歌超過了 100 首，

歌頌櫻花的則**不到**人家的**一半**……

不過這事也跟我們**中國**有關係——

奈良時代，

中國**梅花和賞梅**的習俗**傳入日本**，

掀起了巨大的**賞梅風潮**，

當時連**皇宮**裡
都是**精心栽種**梅花。

那麼，櫻花是怎麼**「鹹魚翻身」**的呢？

這要多虧**一個人**——

嵯ㄘㄨㄛˊ峨ㄜˊ天皇

平安時代，

日本逐漸**開始**強調**「民族文化」**的覺醒，

頌揚和審美的對象

也從國外**轉移到國內**，

櫻花正是**在這時候**逆風翻盤的！

西元 812 年，

嵯峨天皇**特地**設宴**賞櫻**，

不僅**命人作詩**，

寫得好的還**有賞**。

在天皇的**帶動下**，

櫻花正式成了**上層貴族**們的寵兒。

慢慢地，**平民**也競相**效仿**，

櫻花這才逐漸成為

日本文化中**重要又特殊**的存在。

而後來**一種櫻**的出現更是以一己之力

讓櫻花成為**「日本象徵」**，

它的名字叫**「染井吉野」**。

江戶末期，
一個叫**「染井村」**的地方
偶然**培育出**這種櫻花，

它不僅**長得快，開花多**，
盛放更是極為漂亮。

但這種櫻花卻只能用**嫁接**或者**扦插**

等方式來**「複製」**，

因此，染井吉野的新株

和原株**基因狀態一致**，

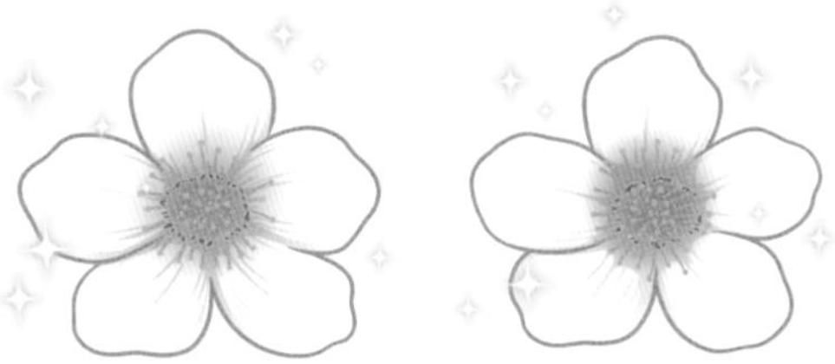

花開花落的時間也就無比**接近**。

成百上千株櫻花**同時怒放**，

也**同時凋零**，

壯觀的景象實在是**驚豔**所有人啊！

如今，**日本櫻花**中

大約有**八成**是染井吉野。

而**每年 1 月**左右開始，
各大機構就會陸續推出櫻花**開花預測**，

從 3 月末到 5 月初，
櫻花在**日本境內自南向北**，漸漸開放。

櫻花的原來如此

世界各地的人都**慕名**而來賞景，

櫻花產業也應運而生。

但是對於**日本人**來說，
櫻花除了美，還有更多珍貴的**記憶和情感**。

註：卒業，日語的「畢業」。

在日本，**開學**、**畢業**、**入職**
往往都在**櫻花盛開**的時節，

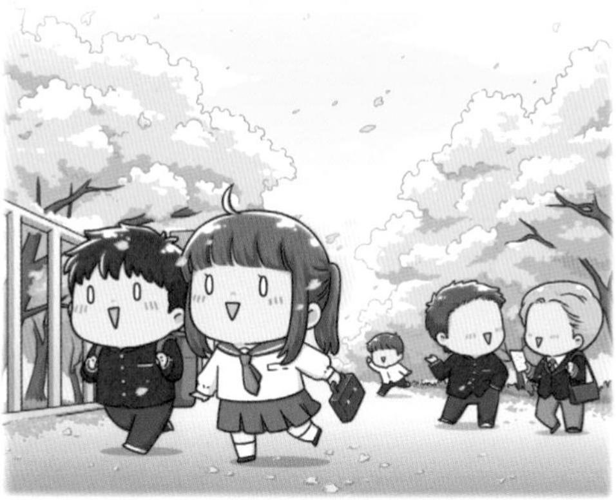

希望、期待、相聚、分離……

無論在經歷何種重大的**人生轉接點**，

抬頭時總有櫻花在**默默陪伴**。

而從**開花到凋零**只有大約**一週**時間，

櫻花的**盛放**
更是帶上了幾分**堅毅的決然**。

在那**粉紅色**的季節之下，

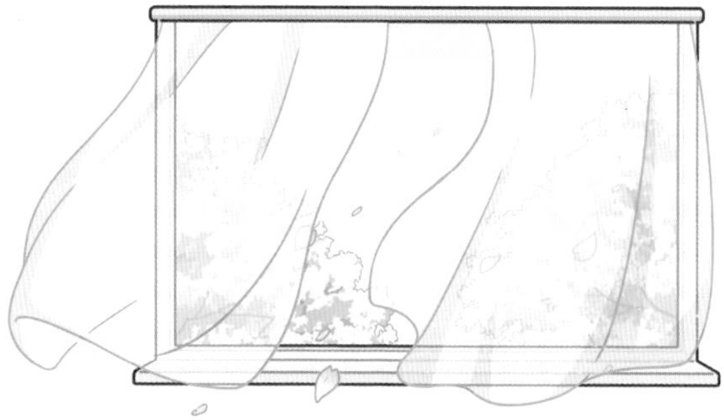

邁向人生**新的**階段……

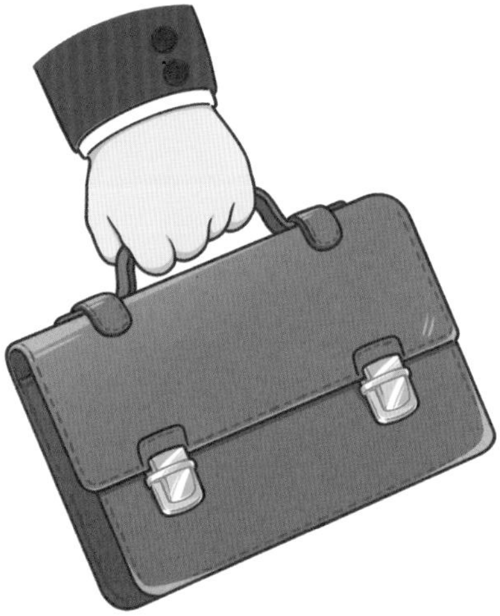

實在是**很美好**！

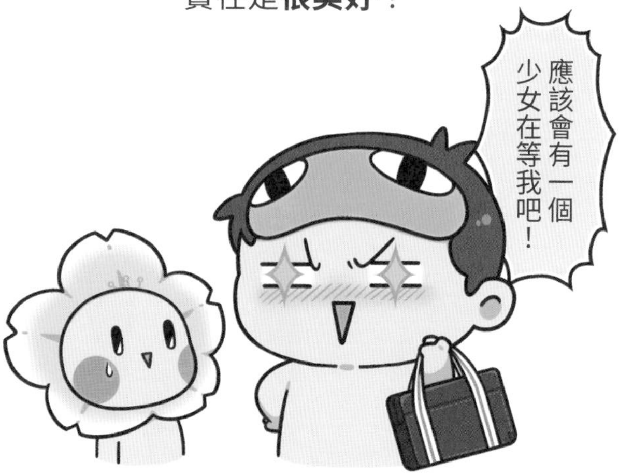
應該會有一個少女在等我吧！

【完】

附錄

【友誼之花】

日本常常將櫻花作為表達友善的禮物送給別國。例如，1972 年中日邦交實現正常化之際，日本向中國贈送了一千株櫻花樹苗，而中國則向日本贈送了一對國寶大熊貓「康康」和「蘭蘭」。

【盛開與凋零】

1950 年代，日本的高中生參加升學考試後，是透過電報得知自己是否被大學錄取的。很多大學會將「合格」寫作「櫻花盛開」，「不合格」寫作「櫻花凋零」，這種措詞方式非常委婉。

附錄

【櫻餅】

櫻餅是日本的一種傳統甜點。它的最外層是一片用鹽醃漬的櫻花葉，裡面是用糯米或者糯米皮包裹的紅豆餡，頂上一般還會有一朵鹽漬的小櫻花。據說入口清爽，香氣幽幽。

【櫻花湯】

日本有一種叫「櫻花湯」的飲品。它是用開水泡開醃好的櫻花作為茶湯，嚐起來有櫻花香味和淡淡的鹹味。這種飲品，人們平時並不喝，往往是在訂婚或者婚禮酒席上才會準備。

附錄

【櫻花和櫻桃】

櫻花樹和櫻桃樹其實是一家。它們都是薔薇科櫻屬植物，只是屬於不同的品種。前者花好看，後者果子好吃，實際上都是人們根據自己的目的，用野櫻樹一代一代培育出來的。

【櫻菊之爭】

說到日本的國花，一直沒有官方的說法。雖然櫻花在民間呼聲很高，但它一直有一個強勁對手——菊花。像日本皇室的家徽、護照封面和駐外使館大門的標誌，這些正式場合用的都是菊花。

另外就是

現代觀賞用的櫻花是由多個野生品種反覆雜交而成的。雜交出的櫻花雖然好看，但大多無法結果，也就沒法透過播種的方式培育新的櫻樹。幸好，靠種籽繁殖並不是植物唯一的繁殖方式，折下櫻樹的樹枝插進土裡，樹枝同樣能夠生根發芽，長成一棵新的櫻樹。而這種方式就叫作「扦插」。

人們很早就開始嘗試和總結扦插培育植物的方法。據專家推測，古人最初可能是用韭菜的根或者芋頭的鱗莖進行扦插試驗。後來在《詩經》、《戰國策》裡已經有了關於柳樹扦插的明確記載。等到了南北朝時期，許多果樹都已經採用扦插的方式進行種植。在現代園藝裡，扦插的繁殖方式已經非常廣泛，常見的玫瑰、菊花等花卉都是這樣培育的。

更妙的是，扦插長出的植物幾乎可以看作「母株」的複製品。當人們發現特別好看的花，或者更好吃的水果，就可以特意使用扦插的方式進行「大量複製」。

肥志与小黃

四格小剧场

【第33話 辦不到呀！】

想幫小黃成功施展法術，但似乎並沒有那麼簡單……
雖然很麻煩……
但我要再試一次！
讓我看看她在施展什麼法術。
好像要放大招的樣子……
這我可辦不到呀！
美少女戰士變身！

桃花的原來如此

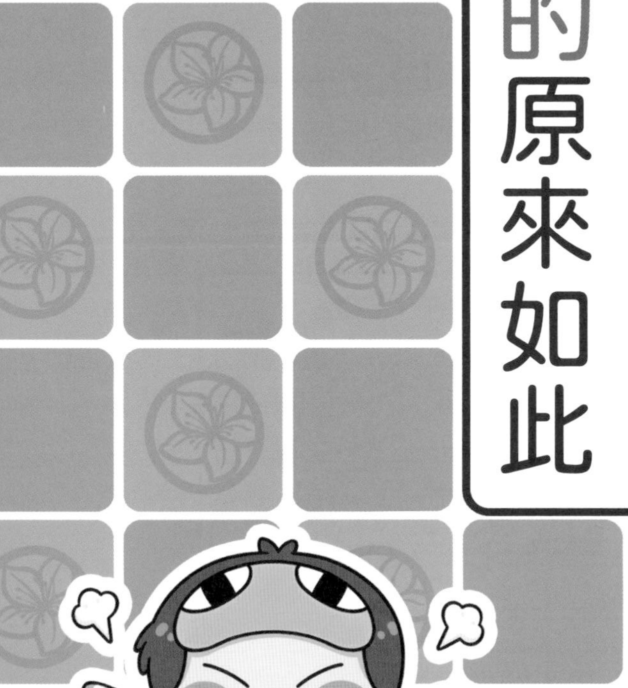

如果一個人長期**單身**，

他應該**如何**向上天**祈禱**呢？

我想……**應該**是……

沒錯，求**桃花運**！

但世上花兒**千千萬**，

為何我們偏偏把**桃花**和**姻緣**

綁在一起呢？

這故事我們得先從**桃樹**講起——

桃樹屬於**薔薇科**，

這個科的**「大家」**開花都很強，

桃花也**不例外**。

雖然**顏色**沒有人家**月季**紅，

味道也沒有**梅花**那麼香，

但勝在**數量多**！

每到**春天**一盛開，

即使只有**幾株**，
也能成為一片**粉粉**的**花海**。

更難得的是，
桃樹還有一個**能吃**的**寶貝**——

至少在 **7500 年**前，
我們中國土地上就有了**吃桃**的習慣。

不僅有人**吃**，

中國還是全世界**最早開始馴化**桃樹的地方。

詩歌典籍**《詩經》**裡

有一首非常有名的**《桃夭》就寫道**：

桃之夭夭，灼灼其華

之子于歸，宜其室家。

桃之夭夭，有蕡其實。

之子于歸，宜其家室。

「蕡」字正說明在**周代**時

桃子已經給人**又肥又大**的印象。

註：蕡，漢語拼音為 fén，注音符號為ㄈㄣˊ。

桃**好吃**，花**好看**，

人們看桃樹自然**越看越喜歡**！

加上桃花本身**嬌豔柔美**，

用桃花**比喻**女性的說法便慢慢流行開了。

女生長得好看叫**「桃夭柳媚」**，

正當花季就說人在**「桃李年」**，

醫學界還助攻了一把
桃花的**美容**作用，

漢代的**《神農本草經》**
記載了桃花入藥可以**提氣色**，

「藥王」孫思邈則直接開過
桃花粉的**減肥藥方**。

不過，如果你以為桃花只是
對女人的**襯托**，

那就太**小看**它了！

透過**雜交**和**嫁接**，

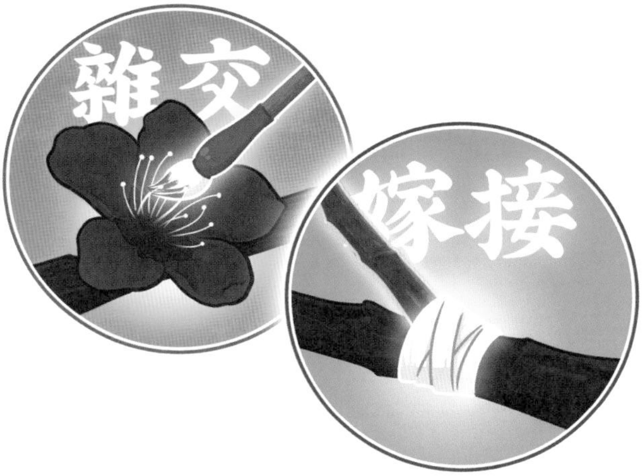

桃花在**唐代**變得越來越好看。

文學界甚至流行
用**美女**反過來襯桃花，

晚唐詩人**皮日休**
算是這方面的**高手**！

他在自己的**《桃花賦》**裡誇道：

桃花在**晚上**開，

就像要奔月的**嫦娥**！

桃花在**水邊**開，

就是沉魚落雁的**西施**！

前前後後用了**十三**個古代美女，

反正都是在**讚**！

那麼講這麼多，

桃花是怎麼跟**姻緣**扯上關係的呢？

其實還是**文人**惹的**「禍」**！

唐朝另外有一個詩人叫**崔護**，

崔護

他寫過這麼**一首詩**——

去年今日此門中
人面桃花相映紅
人面不知何處去
桃花依舊笑春風

說某年桃花**盛開**，

他**邂逅**了一個好看的女孩子。

誰知道**第二年**再去找，

桃花依舊在，
但是姑娘卻怎麼也**找不到**了……

按理，
這首詩原本是用來
抒發作者的**憂傷**，

只是沒想到讀者聽完卻**接受不了**，

於是硬給是寫了個

「崔護找到女孩」的平行時空的結局……

崔護找到女孩
The end

雖然劇情有點**老套**，

崔護找到女孩

但就是這種**虐虐甜甜**的八點檔劇情

卻被各種**「轉載」**，

當前已轉發23333則
甜甜醬：我喜//@月
阿古君：愛了//@
網友A：哇，發糖啦！
綠崽：哈哈哈，鎖了

還屢屢被編成**戲劇**搬上舞台。

久而久之，桃花就變成了中國文化中
特有的**「愛情之花」**。

順帶一提，**宋代道教**大熱，

桃花又**演變**為了

「**人緣、愛情、婚姻**」的統稱。

無論是**貴族**還是**老百姓**，

有事沒事都愛去找大師**算一算**，

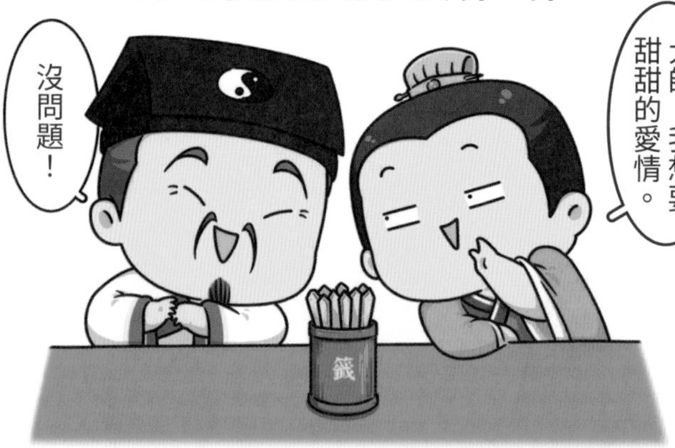
大師，我想要甜甜的愛情。
沒問題！
籤

「桃花運」三個字就是這麼算來的。

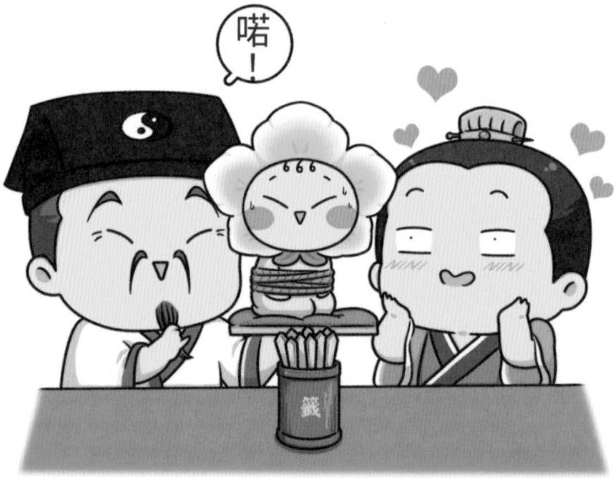
喏！
籤

時過境遷，

籤

現代人早已**告別**那些**迷信**的歲月，

但桃花運卻因為跟**愛情**一樣難以捉摸
被**保留**下來。

我國**南方**至今還有
過年在家裡**插桃花**的習俗，

一來是覺得粉紅色的桃花
能取個**火紅**、**吉利**的好彩頭，

像粵語裡的**「紅桃」**，
諧音就是**「鴻圖」**。

二來也希望為家人祈求美好**姻緣**。

人們花了這麼多的心思在桃花身上，

並不是真的相信它有什麼**法力**，

歸根究底，只是藉著花兒

寄託心底對生活的**願望**。

愛情也好，

事業也罷，

桃花**每年**都會開。

保持**希望**，保持**努力**，

新的一年說不定就**成真**了呢！

【完】

附錄

【世外桃源】

晉代文學家陶淵明寫過一篇《桃花源記》，說的是一位漁夫誤入桃花林，發現了一座與世隔絕、生活安樂的小村莊。於是，後人便開始用「世外桃源」來形容幻想中的美好世界。

【桃花夫人】

春秋時有個叫息嬀的大美女，她的絕世容貌曾一度引得三國爭搶。傳說她出生時雖是冬天，但桃花紛紛盛開；也有說她出生時額頭帶有桃花胎記，因此她又被稱作「桃花夫人」。

【夸父與桃林】

「夸父追日」講的是古代傳說中有一個叫夸父的巨人和太陽賽跑。他在途中口渴難耐，喝乾了黃河、渭河還不夠，最後渴死在了路上。他死後手裡的手杖飛了出去，化為一大片桃花林。

【桃花仙人】

《桃花庵歌》是明代大才子唐伯虎的古詩。他在詩中自稱「桃花仙人」，而「桃花庵」則是他看淡功名後，選擇隱居的住所。不過，為了買桃花庵，他也是拚命畫畫才還清了「房貸」。

附錄

【食桃生人】

在我國土家族的神話裡，創世之初世上本沒有人。這時，有一個叫卵玉的女神聽從女媧的指示，吃了從黃河飄來的八個桃子和一朵桃花，然後生下了八男一女，世界上才有了人。

【昆明桃】

2010 年，雲南昆明的修路工人修路時不小心從地下挖出了 8 枚保存完好的桃核化石。經中國科學院測定，這些「昆明桃」距今已有 260 萬年的歷史，是世界上已知最早的桃核化石。

另外就是

「**桃**」的英文「peach」是由拉丁語「persicum mālum」發展而來的，字面意思是「波斯蘋果」。原因是歐洲原本沒有桃，最早是波斯人把桃帶到了歐洲，讓歐洲人一度以為桃原產波斯。但實際上，中國才是桃的老家。

首先，有學者進行了桃的全基因組重測序，從遺傳進化的角度證明：原產於我國西藏地區的光核桃才是桃的「老祖宗」。其次，考古學家在浙江的河姆渡遺址、跨湖橋遺址等多個新石器時代的遺址中，均發現了保存良好的桃核化石。通過對這些桃核的大小、形狀、紋理等特徵進行研究，證明至少在七千五百年前，當地人已經開始選擇和馴化桃樹了。另外，我國最早的詞典——成書於戰國到兩漢之間的古籍《爾雅》中，已經有對山桃、冬桃等不同品種桃的區分和記錄。總之，從文獻記載、考古挖掘乃至科學研究，種種證據都顯示：桃原產於中國，中國人欣賞、食用、栽培桃已有悠久的歷史。

肥志与小黃

四格小剧场

【第34話　還沒開始】

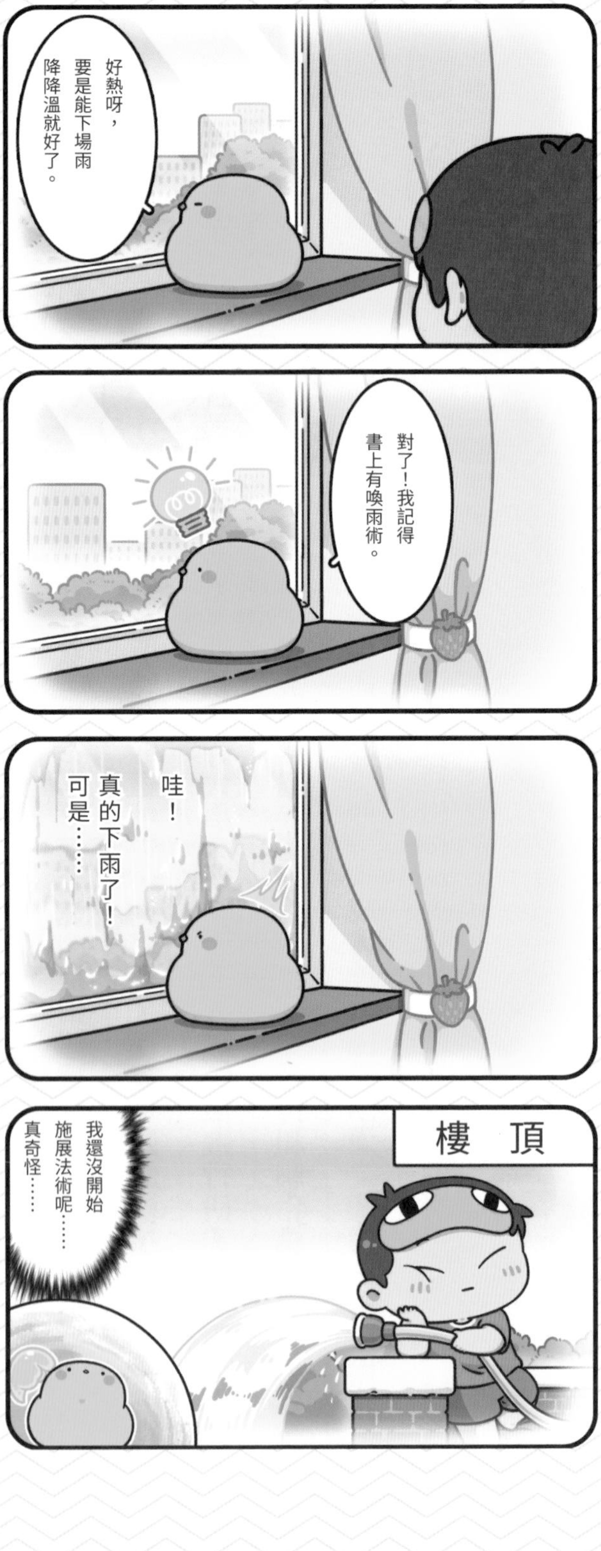
好熱呀，
要是能下場雨
降降溫就好了。
對了！我記得
書上有喚雨術。
哇！
真的下雨了！
可是……
樓頂
我還沒開始
施展法術呢……
真奇怪……

牡丹的原來如此

自古以來，

鮮花就備受中國人的**喜愛**。

無論是**傲雪凌霜**的**梅花**，

還是**香氣撲鼻**的**茉莉**，

都受到了無數的**讚美**和**歌頌**。

而在這麼多**花卉**裡，

有一種花卻能**豔壓群芳**，

被稱為**「花中之王」**。

它，就是——**牡丹！**

牡丹起源於**中國**，

是一種美麗的**芍藥科芍藥屬**植物，

芍藥科芍藥屬植物

它的花朵通常**體型巨大**，

（直徑 10 -17 公分）

不但擁有**九大色系**，

按花瓣結構還可以分為**十大花型**——

有趣的是，

別看牡丹現在這麼**討人喜歡**，

最初，

它在人們眼裡只是一種**野生的灌木**。

相對於好看，

人們主要是拿它來**當柴燒**……

我們祖先早期種植牡丹是在**秦漢以後**，

直到發現它的根皮能**入藥**，

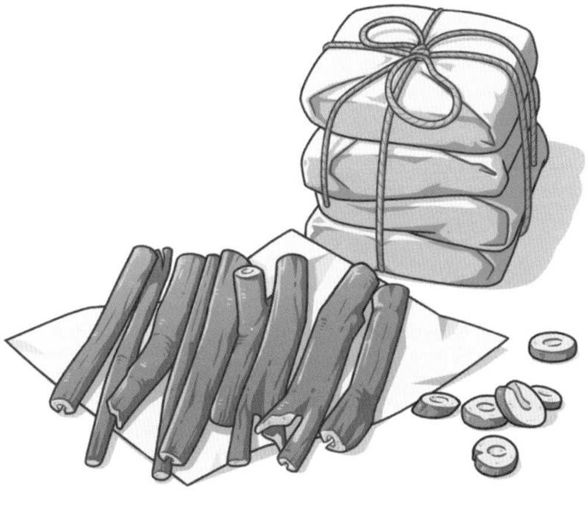

古人才開始花心思**栽培**它。

在這過程中，
因為**人工挑揀**和**花種的變異**，

牡丹的**顏色**、**品種**不斷**增加**，

肥志百科・植物D篇

牡丹才從**藥材**

漸漸升級成了**供人欣賞**的花朵！

隋朝時，

隋煬帝率先將它種到自己的**御花園**裡，

開創了牡丹進入**宮廷**的先河。

不過，牡丹真正紅起來

還得多虧**一個女人**，

她就是中國唯一的**女皇帝**——**武則天**！

根據**史料紀載**，

因為老家**盛產牡丹**，
武則天從小便是牡丹的**粉絲**。

等她成為**「天后」**以後，
發現洛陽的**皇家園林**裡
居然**沒有**自己的最愛，

於是便命人將牡丹**移植**到**洛陽**。

給你安排了東都設籍快捷通道。

在她的影響下，
洛陽、**長安**等地立刻颳起了一股**牡丹熱**。

幾乎**家家戶戶**都要種牡丹花，

加上淺紅、紫色、黃色等**新品種**
當時已經紛紛**出現**，

牡丹就給了人們
雍容華貴、**富麗堂皇**的印象。

很多**文壇大佬**也不免俗
喜歡上了這種美麗的花花。

例如，詩仙**李白**有一句詩——

「雲想衣裳花想容，春風拂檻露華濃」。

裡面的「花」指的不是別的，

正是**牡丹**。

詩人**李正封**則另有一句——

「天香夜染衣，國色朝酣酒」。

成語**「國色天香」**就是從這句詩裡面來的。

雖然在**戰亂時期**牡丹數量也會**減少**，

但每當**盛世重現**，

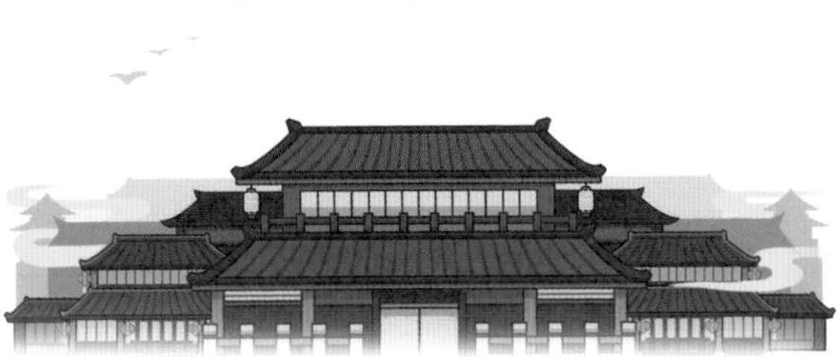

它便會在世間再度**流行**開來……

而我們中國人對牡丹的熱愛
還傳染了**西方**。

註：beautiful，漂亮。

在 17 世紀之前，西方人只在
中國的**瓷器**或者**刺繡**上見過牡丹，

以至於他們一度以為牡丹和中國的

龍、**鳳**一樣只是中國人的**想像**。

一直到**荷蘭人**首次在中國見到實物，

這個誤會才**真正消除**……

在那之後……歐洲人也很快被它**俘虜**，

想盡辦法要在**本土**種屬於自己的牡丹花。

可惜，中國人**上千年**培育牡丹的技術
可不是**一時半刻**能夠學會的，

所以在很長一段時間裡，
歐洲牡丹普遍都**生長不良**。

怎麼辦呢？

一個叫**羅伯特・福瓊**的英國人

解決了「窘境」。

羅伯特·福瓊

Robert Fortune

福瓊是英國派到中國

收集植物品種的**專家**，

外號**植物獵人**。

他在**上海**收集了一些牡丹品種

帶回去種，

但帶回去的一株也**沒養活**……

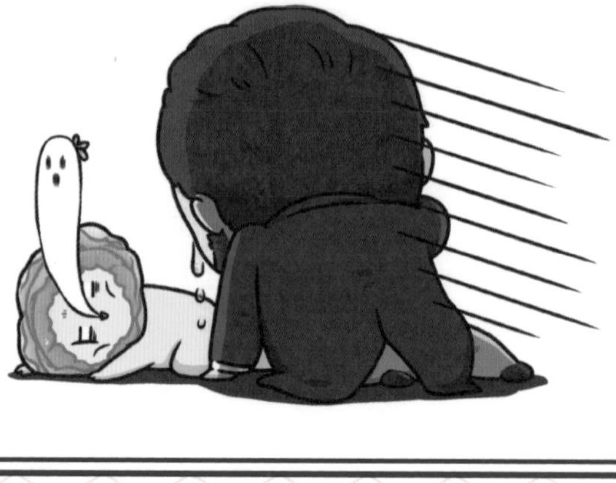

不死心的他再次跑回來**潛心研究**。

經過一番仔細的**調查**，

福瓊發現牡丹和同屬的芍藥**嫁接**

會大大**提高**牡丹的**存活率**。

透過這種辦法

牡丹最終才在**歐洲落戶**。

註：「阿媽，我得咗啦」是粵語，意思是「媽媽，我成功了」。

發展到今天，歐洲的**園藝學家**們已經

培育出了自己**獨特**的牡丹品種。

註：SSR，superior super rare 的首字母縮寫，意思是「特級超稀有」。

例如：**法國**培育的**「金閣」**

「愛麗絲・哈丁」

在**國際上**也非常受歡迎。

當然了，
論最喜歡牡丹的還是**中國**！

2019 年 7 月，**中國花卉協會**在網路上
發起了「我心目中的**國花**」投票，

在 **30 多萬人**的投票中，

牡丹得票超過了 **79%**！

有人愛它是因為它的**美貌**，

有人愛它是因為它很**貴氣**，

但在我看來，
更重要的還是它背後所含的**意義**。

因為牡丹**嬌貴**，

歷史上往往只有**富足**的朝代
才有**餘力**去培養，

所以牡丹花開便意味著**國泰民安**，

戰勝苦難又重獲新生。

喜歡牡丹，
喜歡的是它代表的**太平盛世**。

和那些透過**努力打拚**
可以過得更幸福的生活。

【完】

附錄

【牡丹傳說】

關於武則天和牡丹還有一則傳說。武則天稱帝後，某天喝醉了酒。她在酒後命令百花盛開，結果其他花都乖乖綻放，唯獨牡丹堅持不從，於是被武則天從長安貶到了洛陽。

【入得廚房】

牡丹可以做成美食。早在五代時期，就有文人把凋謝的牡丹摘下來煎著吃，並認為這十分風雅。到明清時，吃法更是五花八門，有釀酒的、燙著吃的、和肉一起燴的，都非常有特點。

附錄

【油用牡丹】

油用牡丹是我國一種特有的牡丹，用它的籽能生產出食用油。而且研究發現，牡丹生產的食用油富含對身體有益的 α- 亞麻酸，具有保護心血管、抗癌抗衰老的效果。

【「萬金」買花】

唐代詩人白居易在《買花》一詩中，記錄了唐代權貴們為了牡丹一擲「萬金」的場景。其中一句「一叢深色花，十戶中人賦」說的是一株稀有的牡丹，在當時價值十戶中等人家一年的稅賦。

附錄

【寶貝丹皮】

牡丹除了花好看以外，還有藥用價值。牡丹的根皮經過乾燥，可以製成藥材「丹皮」。它裡面含有一種叫丹皮酚的化學成分，不僅能有效殺菌抗炎，抑制腫瘤，還可以保護心血管。

【孿生姊妹】

芍藥和牡丹在生物學上是同屬的「姊妹」，因為長得十分相似，最初曾被古人混為一談。它們倆最大的區別在於：牡丹是木本植物，屬於小灌木；芍藥是草本植物，其實是一顆草。

另外就是

作為我國「國花」呼聲最高的候選者，牡丹無疑擁有極高的顏值、悠久的栽培歷史以及深厚的文化底蘊。它的顏值從唐代開始就備受追捧，經過歷朝歷代牡丹愛好者的努力，無論是「形」還是「色」，早已不是最初在野外時的樣子。而牡丹的根皮作為一種藥材，至少從東漢時起就已經被用於治療毒瘡、清除淤血，在野外常被人採摘。

然而，對於野生牡丹而言，顏值和藥用功效帶來的卻是一場災難。一方面，部分野生牡丹生長緩慢，種子數量又少，限制了天然種群的恢復和擴大。野生牡丹從唐代開始就被廣泛採摘和移植，這對天然的牡丹種群造成了長期的傷害。但恰恰對人類而言，野生牡丹是牡丹栽培的遺傳資源寶庫，只有保護好它們，才能讓牡丹產業長遠發展。根據《中國生物多樣性紅色名錄》統計，我國全部九種野生牡丹中，已有四種被評為易危，三種瀕危，一種極危，保護野生牡丹刻不容緩。

肥志与小黄

四格小剧场

【第35話 現代科技】

剛才在樓頂灑水假裝下雨……
不小心把晾曬的被子淋濕了。
你是在擔心那個莫名其妙濕了的被子嗎？我已經解決了！
難道說……你的法術成功了?!
轟隆隆～
法術？新買的洗衣機不是有烘乾功能嗎？

鬱金香的原來如此

有這樣一個**國家**，

雖然國土面積只有約 **4.2 萬**平方公里，

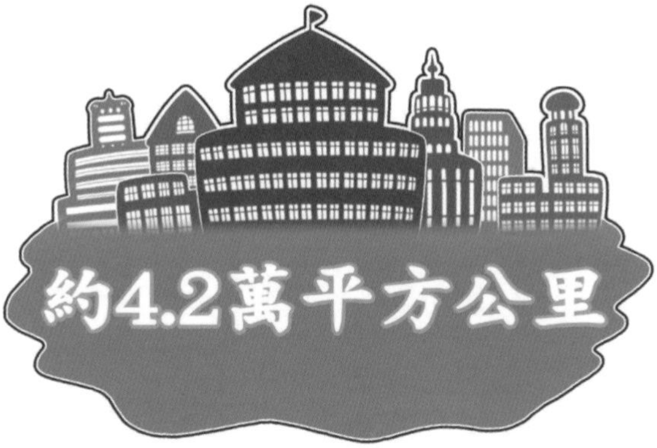

呃……差不多只有**重慶市**一半大，

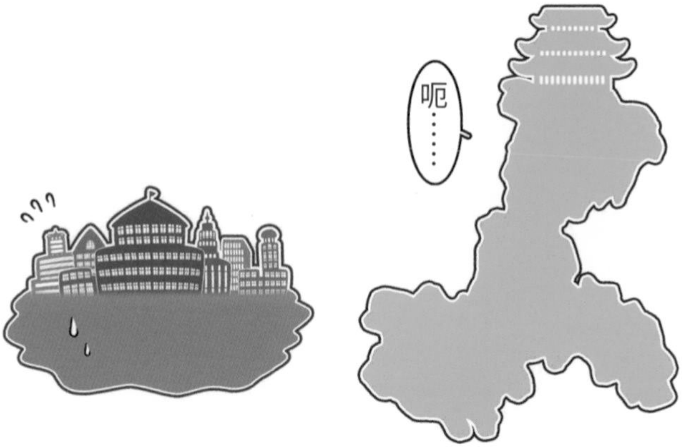

卻用了近**十分之一**的耕地來**種花**。

這個**國家**正是**荷蘭**，

而在這**「花園」**裡**稱霸**的

就是本單元的**主角**——**鬱金香**！

鬱金香屬於**百合科**，

和**百合**、**大蒜**一樣

都是從**地下的鱗莖**開始發芽。

雖然名字裡有個**「香」**字，

但實際上大部分鬱金香都**沒啥味道**……

靠著超高的**顏值**，

它倒是獲得**「花中皇后」**的美名！

然而最初的鬱金香

其實並沒有這麼**「妖豔」**。

鬱金香起源於**天山到中亞一帶**，

一開始只是一種單薄的**小紅花**。

後來是被**鄂圖曼土耳其人**看中，

帶回去不斷**培育**，

這才成了**今天**的模樣。

有趣的是，**歐洲人**
雖然**看不爽**鄂圖曼土耳其人，

卻對他們種的鬱金香**一見鍾情**，

不僅把鬱金香**弄了**過來，

還將它**「發展」**成了奢侈品！

例如，法國國王路易十三**「擺喜酒」**，

出席的**貴婦們**

都會在**領口**別一朵**鬱金香**，

而且品種越**稀有**就越有**面子**。

在鬱金香的**培育**上，**歐洲人**也有**突破**，

其中的**佼佼者**就是被譽為「鬱金香之父」的

卡羅盧斯・克盧修斯！

克盧修斯是荷蘭**首個**植物園的**園長**，

也是**歷史**上第一個
記錄**「鬱金香碎色病毒」**的人。

這種**病毒**不僅不會毒死**鬱金香**，

還能讓鬱金香長出**火焰般絢麗的花紋**！

但唯一的**問題**是……

這種**「變異」**卻**無法**人為**控制**。

也就是說，
在**開花前**沒人知道長出來是啥模樣。

其中有一種**「隱藏款」**叫**「永遠的奧古斯都」**，
(Semper Augustus)

永遠的奧古斯都

因為**極其罕見**，有錢也**買不到**。

好想擁有！
貴氣
太美了！
想要

大家必須瞭解
那時的**荷蘭**可是地球上**最會做生意的國家**，

9點鐘開會啊。

不僅**航運業**遍布**全球**，

（別名「海上馬車伕」）

還是全世界第一個**創立**

股票交易所的地方。

在這麼一個**經商**氣氛濃厚的**環境**裡，

荷蘭人的作法就是**「炒它」**！

就跟現代人**「炒房」**一樣，

鬱金香從一朵花變成了**「金融產品」**……

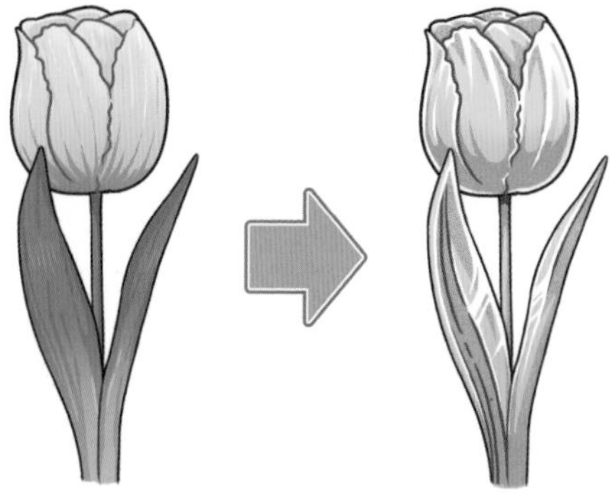

像前面提到的**「永遠的奧古斯都」**，

從 1623 年到 1637 年，**一個**能開花的
鱗莖**價格**至少翻了 **5 倍**！

荷蘭的投機者們
在**鬱金香**身上瘋狂**「爆炒」**，

不僅把**稀有**的**品種**越炒越貴，

連**最普通**的鬱金香身價也**翻了又翻**，

簡直成了**資本**的一場**狂歡**！

後來甚至有了

「鬱金香泡沫」的說法。

不過還好，
虛的東西始終**不會長久**。

隨著**時間**的推移，
鬱金香的價格也從瘋狂**回歸理性**，

但它**世界名花**的地位已經牢牢**站穩**！

荷蘭人對於鬱金香的**熱情**
也**一直**沒有改變。

作為**世界第一大**鬱金香生產國，

2018 年，荷蘭生產了
近 **42 億個**鬱金香鱗莖，

其中有一半都會出口到世界各地，

和**風車**、**木鞋**一起並稱為**「荷蘭三寶」**。

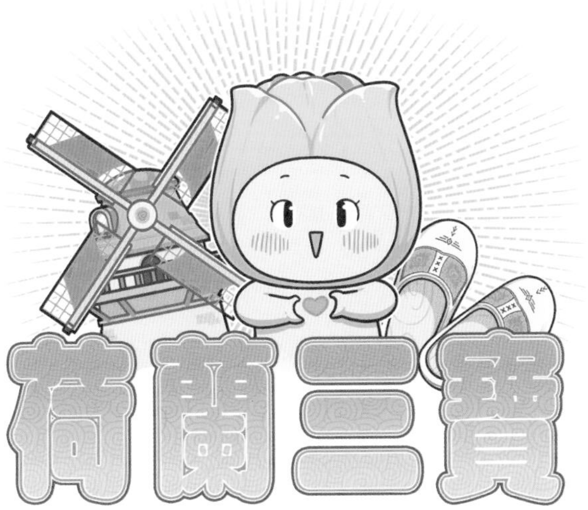

而相比**金錢**和**地位**，

如今，人們更在意
鬱金香所寄託的**情感寓意**。

例如，用**紅色**鬱金香象徵愛情，

紫色鬱金香代表高貴，

白色鬱金香表達寬容。

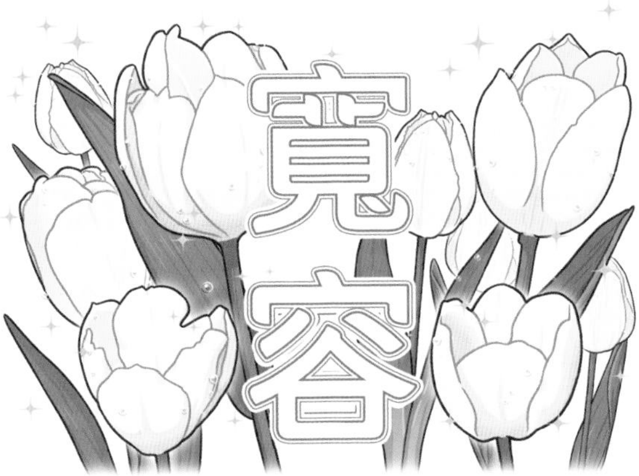

從草叢間的**野花**，

到**地位**的**象徵**，

再到投機者的**「賺錢工具」**，

鬱金香經歷了**「多個身分」**的轉變。

幸好，它最終還是作為**「美」**的載體
回歸平凡。

【完】

附錄

【不同的「完美」】

歷史上，鄂圖曼土耳其人和荷蘭人對鬱金香有過不同的審美。鄂圖曼土耳其人喜歡花莖細長、花瓣尖細、顏色統一的鬱金香；而在荷蘭，人們則更鍾愛圓滾滾、五顏六色的杯狀花朵。

【鬱金香「高手」】

蕾切爾·魯伊斯（Rachel Ruysch）被譽為 17 世紀荷蘭最偉大的鬱金香花卉畫家。她筆下的花卉逼真、細膩，構圖也十分精緻。1999 年，她的一幅畫作拍賣出了 290 萬法郎的高價，在當時為人民幣 2400 多萬元（約折合新台幣 8700 萬元）。

附錄

【這花不賣】

克盧修斯一直醉心於鬱金香研究，手中的鬱金香無論多少錢都不願意賣。有不法之徒最後選擇了偷竊。而正是那些被盜的鬱金香鱗莖開啟了後來在荷蘭的鬱金香爆炸性交易狀態。

【鬱金香花園】

位於荷蘭利瑟的庫肯霍夫花園有「歐洲花園」的美稱。每年 3 月至 5 月，這裡都會舉辦特色主題展覽和花車遊行，包括鬱金香、水仙在內的近 700 萬株球根花卉都會在這期間綻放。

附錄

【多姿多彩】

鬱金香至今已有上千個品種。例 如：Paul Scherer， 被 認為是最黑的鬱金香；重瓣的 Monte Carlo，徹底綻放後彷彿黃色小牡丹，香氣撲鼻；還有 Ice Cream，頂部層疊的白色花瓣像奶油一般誘人。

【饑不擇食】

1944 年冬天，荷蘭人被第二次世界大戰搞得焦頭爛額，又遇上了連續低溫。饑寒交迫之下，人們只好把目光投向了鬱金香的鱗莖，雖說這種鱗莖對人有毒副作用，但還是被一搶而空……

另外就是

鬱金香本質上不過是一朵花，為什麼到了十七世紀，能被荷蘭人「炒」成金融商品呢？

首先是物以稀為貴。同一種鬱金香，即便是生長條件相似，花的顏色、形狀也多少會不一樣。像「永恆的奧古斯都」這樣花紋特殊且難以複製的稀有品種，自然很容易賣出高價。

至於普通人為什麼也願意參與，這種現象則可以用「博傻理論」來解釋。例如，小A出一萬元買了一株本來只值一百元的花。乍看小A很傻，但假如有一個比小A更傻的人，願意出更高的價錢把花買走，那小A就賺了。所以，問題的關鍵是市場上有沒有比小A更傻的傻瓜，而這種「賭自己不是最後一個傻瓜」的行為就是「博傻」。當市場上的鬱金香價格飛漲，有人從中獲利，人們很容易被賺錢的誘惑沖昏頭，試圖「炒花」謀利。歷史上除了鬱金香以外，風信子、君子蘭也引發過「炒花熱」，這都是同一個道理。

肥志與小黃

四格小劇場

【第36話　反常】

總覺得你最近的行為有點怪怪的……
非常的反常……
我的關心被她發現了嗎？
雖然很害羞，但……
你已經很多話都沒有躺著了！
確實。。。。。。

樂觀與勇敢

BE BRIGHT & BRAVE

FATCHI ENCYCLOPEDIA